垃圾分类教育科普丛书

垃圾分类

中学分册

广州市城市管理委员会
广州市环境保护科学研究院　编著

中国·广州

图书在版编目（CIP）数据

垃圾分类．中学分册/广州市城市管理委员会，广州市环境保护科学研究院编著．—广州：暨南大学出版社，2015.12（2018.12 重印）
（垃圾分类教育科普丛书）
ISBN 978－7－5668－1691－7

Ⅰ.①垃…　Ⅱ.①广…②广…　Ⅲ.①垃圾处理—少儿读物　Ⅳ.①X705－49

中国版本图书馆 CIP 数据核字(2015)第 289435 号

垃圾分类：中学分册
LAJI FENLEI：ZHONGXUE FENCE
编著者：广州市城市管理委员会　广州市环境保护科学研究院

出 版 人： 徐义雄
责任编辑： 刘慧玲
责任校对： 周海燕
责任印制： 汤慧君　周一丹

出版发行： 暨南大学出版社（510630）
电　　话： 总编室（8620）85221601
营销部（8620）85225284　85228291　85228292（邮购）
传　　真：（8620）85221583（办公室）　85223774（营销部）
网　　址： http：//www.jnupress.com
排　　版： 广州市科普电脑印务部
印　　刷： 深圳市新联美术印刷有限公司
开　　本： 787mm×1092mm　1/16
印　　张： 3.75
字　　数： 152 千
版　　次： 2015 年 12 月第 1 版
印　　次： 2018 年 12 月第 3 次
定　　价： 22.80 元

前 言

同学们，在你们使用越来越便捷的生活娱乐设施，吃着各式各样的美食，穿着款式多样、颜色各异的服装的同时，你们是否意识到，在我们常常忽略的角落里，垃圾在不断地增长？因为我们吃住穿所要用到的一切都要消耗地球的资源，而在消耗这些资源的同时垃圾也在不断地产生。我们的科技进步了、经济发展了、生活品质提高了，但是我们的生存环境却越来越差，我们的土地被越来越多的垃圾占据了，我们的空气、水体、土壤都受到垃圾不同程度的污染。如何解决这些问题？其实，广州市政府在前几年就已意识到不断增长的垃圾的危害，于2011年颁布了《广州市城市生活垃圾分类管理暂行规定》，成为我国内地首个出台城市生活垃圾分类管理规定的城市。如今经过几年的探索、实践，《广州市生活垃圾分类管理规定》已于2015年9月1日正式实施，它的颁布，将有利于更进一步推行生活垃圾分类管理，提高生活垃圾减量化、资源化、无害化水平，从根本上解决"垃圾围城"、垃圾污染环境等问题。

为进一步普及垃圾分类知识，广州市城市管理委员会与广州市环境保护科学研究院有关专家共同编写了这套垃圾分类教育科普丛书——《垃圾分类》(幼儿园分册、小学分册、中学分册)。本中学分册既可以作为专题教育教材，也可以作为课外读物在全市所有中学推广使用，进行生活垃圾分类宣传教育。

老师们，同学们，为了广州市的美好明天，让我们携手从身边的小事做起，积极参与到生活垃圾分类行动中。只要我们人人参与，共同努力，我们的家园和环境一定会变得更加美丽！

作 者

2015年11月

目 录

前 言……1

第一章 垃圾围城……1
第一节 何为“垃圾”……2
第二节 可怕的“垃圾围城”……4
第三节 生活垃圾的危害……6

第二章 垃圾分类……11
第一节 垃圾分类的概念及意义……12
第二节 广州生活垃圾分类指引……13

第三章 垃圾分类处理流程……17
第一节 垃圾的分类投放……18
第二节 生活垃圾收运与分选……23
第三节 垃圾的处理与处置……26

第四章 国内外垃圾分类做法……31
第一节 国内垃圾分类案例经验……32
第二节 国外垃圾分类先进做法……35

第五章 我们的行动……40
第一节 减少垃圾产生……41
第二节 落实垃圾分类……44
第三节 变废为宝……46

参考文献……53

后 记……54

第一章　垃圾围城

引言　生活垃圾是人们日常生活中产生的废弃物，也是“放错位置的资源”。随着城市发展水平的不断提高，人们生活节奏不断加快，消费多元化趋势越发明显。城市垃圾数量急剧上升，对环境的影响日趋严重，给城市消化系统带来很大的压力。

第一节　何为“垃圾”

同学们，当我们在现代城市中享受丰富的物质生活之时，你有没有意识到我们每天都在制造许多垃圾？“垃圾”这个词我们并不陌生，但你知道什么是垃圾吗？

生活垃圾是指单位和个人在日常生活中或者为日常生活提供服务的活动中产生的固体废弃物以及法律法规规定视为生活垃圾的固体废弃物，例如人们日常生活当中丢弃的旧电器、废纸、废旧电池、旧衣服、旧家具、旧化妆品、剩饭剩菜等。

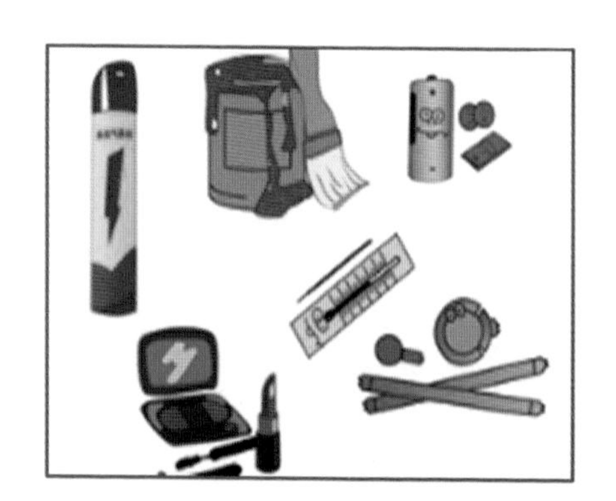

常见的生活垃圾（图片来源：http://www.nipic.com）

想一想：我们日常生活中产生的垃圾确实“一无是处”吗？

下面我们来看一看这几位大学生是怎么用我们所谓的“垃圾”发财致富的。

案 例

2015年5月，重庆师范大学绘画专业的4个大二男生，成立了18号艺术工作室。这是一间特别的工作室，因为他们是靠捡废弃的油桶、破旧的轮胎、美术生的草稿纸、当成垃圾的泡沫扮靓了他们的创业工作室，还在两个月的时间内，把300元的原始资金，变成了50 000元。走进他们的工作室，约60平方米的空间，灰色的墙面干净素雅，点缀着一幅幅精美的油画。废旧油桶喷上彩绘后，立马变身成展示台，轮胎经过改装后，变成了组合沙发，泡沫塑料做成的工艺品错落有致地摆放着。

（图片来源：华龙网—重庆晚报）

因此，垃圾也可以成为另一种资源。没有真正的垃圾，只有“放错位置的资源”。我们生活中许多垃圾如旧电视、泡沫塑料、果皮、啤酒瓶、饮料瓶、废报纸、纸巾、骨头、菜叶、旧沙发、废旧电池、旧衣服等其实都是“放错位置的资源”。

第二节　可怕的“垃圾围城”

垃圾是人类生活的废弃物。进入工业文明以来，大规模的工业生产制造的产品被快速消费，由此产生了大量的生活垃圾。从一次性用具到日常生活耐用品，从小电池到大汽车等各种各样的产品，在经历了短暂的生命周期后就被淘汰了，变成了垃圾。

我国是人口大国和制造业大国，同时也成为垃圾生产大国。伴随着我国城市化进程的加快、城市人口数量的增加和人民生活水平的不断提高，我国城市生活垃圾的增长异常迅速。统计资料表明，目前我国城市人均年产垃圾400～500千克，我国668座大中城市垃圾年产量高达1.2亿吨，而且每年以8%的速度增长。

目前我国2/3的大中城市被垃圾堆包围，1/4的城市已没有多少场地可以堆放或填埋垃圾了。这些城市垃圾累计堆存量超过65亿吨，占地5.4亿平方米，并且仍在以每年占地约3 000万平方米的速度发展，“垃圾围城”的消息频繁出现在各类媒体报道中。

可怕的“垃圾围城”（图片来源：http://pic.cnr.cn）

广州市生活垃圾的产量已连续十多年保持每年5%～6%的高速增长。据统计，2008年广州市10区（不包括从化、增城）生活垃圾总量达357万吨，与2007年同期相比垃圾总量增加17万吨，日均产量约1万吨。2011年，广州市生活垃圾日均产量约1.8万吨。2014年，广州市的生活垃圾日均产量暴增至2.26万吨，人均日产量超过1.4千克。实事求是地说，我们现在处于可怕的“垃圾围城”之中。

你害怕生活在垃圾的包围之中吗？你是否愿意与垃圾、苍蝇和老鼠为伴呢？

陪父母在垃圾堆工作的孩子

在垃圾堆找食物的孩子

（图片来源：http://cq.takungpao.com）

议一议：如果我们在生活中继续产生大量垃圾，未来的居住环境会怎样？而未来的人类将处于什么样的境地呢？

第三节　生活垃圾的危害

我们身边有数量如此巨大的生活垃圾，如不能及时进行无害化和减量化处理，将对环境造成日益严重的污染，威胁人类的生命健康和社会的可持续发展。

想一想：生活垃圾对我们人类和周围环境有哪些危害？

1. 垃圾围城，侵占土地

生活垃圾的露天堆放和填埋，需要占用大量的土地资源。目前，我国生活垃圾堆放侵占土地面积高达5亿多平方米，相当于5万公顷耕地，而我国的耕地面积仅为1.3亿公顷，这就相当于全国万分之四的耕地面积要用来堆放生活垃圾。

垃圾堆放侵占土地（图片来源：http://image.haosou.com）

2. 污染土壤，降低肥力

生活垃圾及其渗滤液中含有各种各样有害物质，如病原微生物、有机污染物和有毒重金属等。这些有害物质可能会渗入土壤，破坏土壤的性质和结构，使土壤肥力丧失、表面板结、存积重金属，并毒害土壤中的动植物，其携带的病毒也会对人体造成很大的危害。

废旧电池垃圾污染土壤（图片来源：http://roll.sohu.com）

3. 污染水体，水质变差

生活垃圾若随意堆放或丢弃，就会随天然降水或地表径流进入河流、湖泊，长期淤积会使水面缩小。垃圾中含有的病原微生物、有机污染物和有毒重金属等被带入水体，会造成地表水或地下水的严重污染，影响水生生物的生存和水资源的利用。

垃圾污染城市河涌（图片来源：http://bbs.shundecity.com）

4. 污染大气，恶臭难闻

生活垃圾露天堆放时，垃圾中的有机物在适宜的温度和湿度下会被微生物分解，释放出大量的氨、硫化物和甲烷等气体，产生恶臭和刺鼻气味。垃圾中的塑料膜、纸屑和粉尘会随风飘扬，污染大气。

垃圾堆散发恶臭（图片来源：http://www.ahwang.cn）

5. 传播疾病，危害健康

生活垃圾中有很多致病性微生物，露天堆放易导致人群接触感染。垃圾中含有食物残渣，为虫鼠提供食物、栖息和繁殖的场所，成为疾病传播源和蚊蝇、蟑螂、老鼠等有害生物的滋生地，给人类健康带来严重威胁。

生活垃圾滋生鼠害（图片来源：http://news.sina.com.cn）

6. 产生沼气，易燃易爆

生活垃圾中含有大量有机物，它们在堆放过程中会发酵产生大量沼气（主要是CH_4和CO_2），当沼气聚集到一定浓度，容易引起火灾、爆炸等事故。

垃圾填埋场爆炸引发火灾（图片来源：http://lstk.zjol.com.cn）

生活垃圾含有大量可燃有机物成分，露天焚烧垃圾不但会产生大量黑烟，而且会产生有毒致癌物质二噁英，还容易引发火灾。

垃圾燃烧产生黑烟和二噁英（图片来源：http://www.xxcb.cn）

环保小贴士

二噁英

二噁英，是一类无色无味、毒性严重的脂溶性物质。这类物质非常稳定，熔点较高，极难溶于水，但可以溶于大部分有机溶剂。

二噁英有剧毒，其毒性相当于人们熟知的剧毒物质氰化钾的130倍、砒霜的900倍。二噁英可引起人皮肤痤疮、头痛、失聪、忧郁、失眠等症，并可能导致染色体损伤、心力衰竭、罹患癌症等。二噁英侵入人体的途径包括饮食、空气吸入和皮肤接触等。

【单元活动】生活垃圾小调查

1. 请你调查一下自己的班级、家庭每日分别产生哪些垃圾？列表统计本班级、家庭产生垃圾的种类和数量。

2. 写一份班级/家庭生活垃圾调查小报告。

第三章　垃圾分类

引言　要解决“垃圾围城”问题，我们必须先从生活垃圾分类做起，以实现垃圾“减量化、资源化、无害化”的目标。广州市制定了生活垃圾分类标准，确定了收集容器的颜色和标识，并提出“能卖拿去卖，有害单独放，干湿要分开”的垃圾分类指引。

第一节 垃圾分类的概念及意义

垃圾分类是指按照城市生活垃圾的组成、利用价值以及环境影响等，根据不同处理方式的要求，实施分类投放、分类收集、分类运输和分类处置的行为。

通过垃圾分类管理，我们可以最大限度地减少垃圾处理量，实现垃圾资源化利用，改善生活环境质量。有用的垃圾经过分类后变废为宝，被送到工厂而不是填埋场，既减少了土地资源的占用，又避免了填埋或焚烧产生的污染。

目前，我国许多城市都未真正开展垃圾分类，甚至还存在垃圾任意露天堆放的情况。如果不开展城市垃圾分类，那么生活垃圾产生量将非常巨大，无论是进行垃圾填埋还是焚烧处理，最终都会造成巨大的生活垃圾处理负荷。

小区垃圾混合堆放

商场垃圾混装收集桶

第二节　广州生活垃圾分类指引

根据《广州市生活垃圾分类管理规定》，生活垃圾分为可回收物、有害垃圾、餐厨垃圾和其他垃圾四类，四类垃圾收集容器的颜色和标识是固定不变的，形状和大小可因地制宜地设置。垃圾以四类为基本分类，每一类还可再细分，随着回收利用和处理处置技术的发展，各种垃圾的归类也将会适当调整。

1. 可回收物

可回收物是指适宜回收和资源利用的生活垃圾。**包括纸类、塑料、金属、玻璃、木料和织物等**。可回收物的收集容器为“蓝”色。

（1）**纸类**：主要包括报纸、期刊、图书、各种包装纸等。但是，要注意纸巾由于水溶性太强不可回收。

（2）**塑料**：各种塑料袋、泡沫塑料、塑料包装、一次性塑料餐盒餐具、硬塑料、塑料牙刷、塑料杯子、矿泉水瓶等。

（3）**金属**：主要包括易拉罐、罐头盒等。

（4）**玻璃**：主要包括各种玻璃瓶、碎玻璃片、镜子、暖瓶等。

（5）**木料**：主要包括木制品等。

（6）**织物**：主要包括纺织衣物，如桌布、衣服、书包等。

环保小贴士

可回收的垃圾通过综合处理回收利用，可以减少污染，节省资源。例如：

❋ 每回收1吨废纸可造纸850千克，节省木材300千克，比等量生产减少污染74%。

❋ 每回收1吨塑料饮料瓶可获得0.7吨二级原料。

❋ 每回收1吨废钢铁可炼好钢0.9吨，比用矿石冶炼节约成本47%，减少空气污染75%，减少97%的水污染和固体废物。

2. 有害垃圾

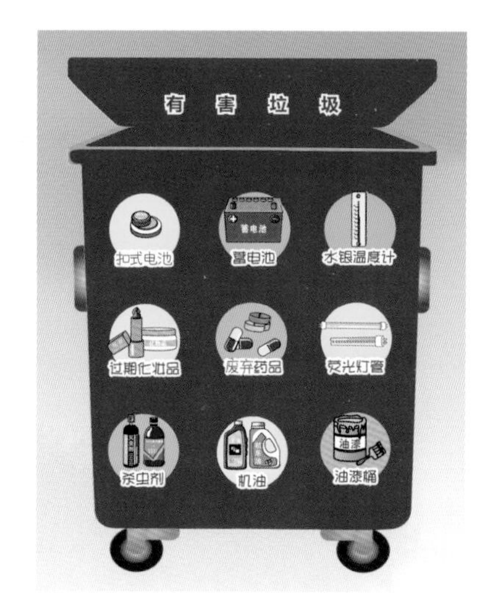

有害垃圾指对人体健康或者对自然环境造成直接或者潜在危害的生活垃圾。**包括废充电电池、废扣式电池、废荧光灯管、废弃药品、废杀虫剂（容器）、废油漆（容器）、废日用化学品、废水银产品等。**

有害垃圾的收集容器为“红”色。

环保小贴士

有害的电子垃圾

电子垃圾是电子废弃物的俗称，是指被废弃不再使用的电器或电子设备，主要包括电冰箱、空调、洗衣机、电视机等家用电器和计算机等通讯电子产品等的淘汰品。

电子废弃物的成分复杂，以人们身边最常见的电视、电脑、手机、音响等产品为例，其组件中一般含有六种主要的有害物质，即铅、镉、汞、六价铬、聚氯乙烯和溴化阻燃剂。如果将这些垃圾任意丢弃于野外或填埋于地下，其所含的重金属将随雨水渗入并污染土壤和地下水，最终通过植物、动物、人类的食物链不断累积，造成中毒事件。所以电子废弃物需要谨慎处理，在一些发展中国家，电子垃圾的现象十分严重，造成的环境污染威胁着当地居民的身体健康。

为有效管理电子废弃物，我国的《废弃电器电子产品回收处理管理条例》已于2008年8月20日国务院第23次常务会议通过，2011年1月1日起正式施行。

3. 餐厨垃圾

餐厨垃圾（有机易腐垃圾），是指餐饮垃圾及废弃食用油脂、厨余垃圾和集贸市场有机垃圾等易腐性垃圾。**包括废弃的食品、蔬菜、瓜果皮核以及家庭产生的花草、落叶等。**经生物技术就地处理堆肥，每吨可生产0.6~0.7吨有机肥料。餐厨垃圾的收集容器为“绿”色。

环保小贴士

餐厨垃圾、厨余垃圾、餐饮垃圾的区别

餐厨垃圾：餐厨垃圾是指餐饮垃圾及废弃食用油脂、厨余垃圾和集贸市场有机垃圾等易腐性垃圾，包括废弃的食品、蔬菜、瓜果皮核以及家庭产生的花草、落叶等。

厨余垃圾：是指居民在厨房食品加工等活动中产生的垃圾，可以概括为：吃剩的鱼虾、饭菜，过期的食品，丢弃的蔬菜、果皮、果核，丢弃的食物、固体食用油脂等。

餐饮垃圾：是指剩饭菜、餐桌废弃物及厨房下脚料的总称。餐饮垃圾是居民和单位在生活消费过程中形成的一种生活废物，其来源主要是饭店、食堂、街头小吃等场所。

餐饮垃圾和厨余垃圾性质相同，但“出生地”不同。餐饮垃圾出自餐馆、酒店的厨房，厨余垃圾出自居民家庭的厨房，相比而言，前者的油脂含量高，利用价值也相对高。

4. 其他垃圾

其他垃圾指除可回收物、有害垃圾、餐厨垃圾以外的混杂、难以分类的生活垃圾。**包括纸巾、一次性纸尿布、烟蒂、无汞电池、陶瓷制品、一次性不可降解用品、清扫出的尘土等。**其他垃圾的收集容器为“灰”色。

同学们，请牢记可回收物、有害垃圾、餐厨垃圾和其他垃圾四类生活垃圾的收集容器颜色和标识哦！

可回收物
Recyclable

餐厨垃圾
Kitchen waste

有害垃圾
Harmful waste

其他垃圾
Other waste

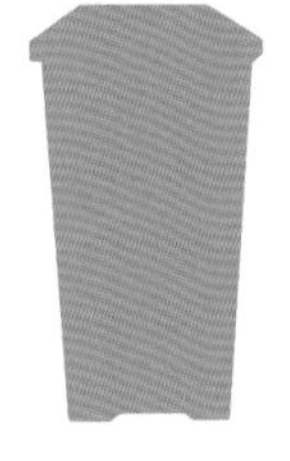

垃圾收集容器的颜色及标识

环保小贴士

广州市市长提出家庭垃圾分类指引口号： 能卖拿去卖，有害单独放，干湿要分开。

能卖拿去卖： 家庭废旧家具等大件垃圾，可预约专人上门收集，并支付搬运劳务费。报纸、衣物、塑料、金属、玻璃等废弃物可电话预约就近的服务员上门回收，或自行送至就近的服务点。

有害单独放： 生活中的有害物质应单独投放于就近的红色回收箱，或投放到街道内的商铺和单位放置的专用回收箱。

干湿要分开： 在厨房放一组分类垃圾桶，一个专门投放餐前餐后的生熟垃圾（湿垃圾），另一个投放其他垃圾（干垃圾）。

第三章　垃圾分类处理流程

引言　我们的生活垃圾分类处理流程是怎样的呢？生活垃圾经投放、分类后，将进行统一收运和分选，并通过卫生填埋、焚烧发电和生物堆肥等方式进行最终的处理与处置。

第一节　垃圾的分类投放

目前，广州市按照“先易后难、循序渐进、分步实施”原则，正稳步推进垃圾分类管理工作。下面给大家介绍一下广州市几个区开展垃圾分类的试点经验：

1. 越秀区

广州市越秀区华乐街开展“垃圾分类定时回收”试点。该街道社区撤销楼层垃圾桶，根据居民生活习惯的规律，在楼宇间定时间（一般在7：00至9：00、18：00至20：30两个时段）设置垃圾分类桶（一般200至300户设立一处），供居民投放分类好的餐厨垃圾和其他垃圾。环卫工人不用上门收垃圾，而是定时定点监督和接收居民拿来的已分类的垃圾；对没有进行垃圾分类的居民，可以现场进行说服教育。同时，对餐厨垃圾进行二次精细分类，以确保垃圾分类质量。

华乐街还开设“垃圾分类科普宣教馆”，通过“垃圾分类”展览宣传、互动游戏、志愿者活动等方式，让“垃圾分类”的意识深入人心，对垃圾分类起到重要的宣传推动作用。

华乐街垃圾分类科普宣教馆

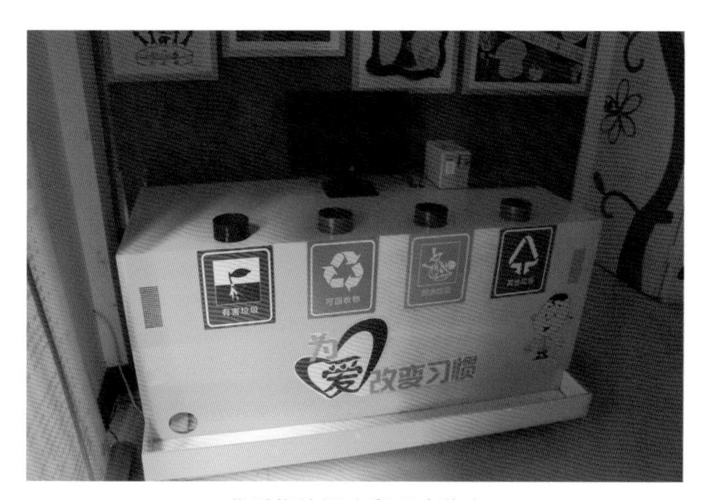

华乐街垃圾分类互动游戏

2. 荔湾区

广州市荔湾区西村街面积约1.4平方公里，常住人口约6万人。居民区结构多样，有封闭物业管理的成熟型小区、半封闭松散型社区，还有无物业管理的自发型社区。西村街垃圾分类试点做法如下：

（1）建立垃圾数据库，摸查辖区内居民、单位每天垃圾量及构成情况等，通过摸查为垃圾分类工作提供数据支撑。

（2）深入社区、校园、机关团体进行互动宣传，并创新性地把辖区内餐厨垃圾发酵后生成的有机肥装袋派发给市民，此法取得了较好的宣传效果，市民的垃圾分类知晓率不断提高。

（3）实践“有害单独放”，实现有害垃圾回收全覆盖。在辖区内居民出入口等显著位置设置了具有编号的169个挂墙式有害垃圾回收桶，并定期回收，每月回收统计后就能得到各个社区的汇总数据。

（4）实践“能卖拿去卖”，实现低附加值物品回收全覆盖。辖区内设置16个环保小屋和1个低附加值可回收物收集点，实现辖区内低附加值物品回收全覆盖。

（5）实践“干湿要分开”，餐厨垃圾分类在重点社区取得了一定成效。西村街专门定做模具，制作餐厨、其他连体垃圾桶，并发放给小区居民家，方便居民参与垃圾分类。

西村街有害垃圾收集点

西村街可回收物和有害物质收集点

西村街发放餐厨、其他连体垃圾桶

3. 海珠区

海珠区引进企业试点垃圾定点智能回收系统，具有无人值守、实时精确计量、源头可溯、过程可控、自动奖励和数据云端管理等优点，不仅方便居民分类投放，也方便信息化管理。

定点智能回收系统（智能垃圾分类收集箱）可自动采集居民的投放垃圾重量、类型、时间及投放家庭等信息；垃圾分类管理平台可采集汇总、分析各智能回收箱的数据，并在网上实时公布；垃圾分类手机客户端（日日分App）可让住户及时了解自己的分类是否正确、获得的垃圾分类积分是多少，还可积分兑换购买产品，中小学生也可对自己家庭每日垃圾分类是否正确进行核对并将结果上传给老师，由老师与监管平台所反馈的数据进行对比，再对学生进行德育评分来提高分类率，实现小手牵大手进行垃圾分类的目的；保洁员手机客户端可提醒保洁员及时赶到满箱现场，及时清理已满箱体的垃圾，保证用户的正常投放。

海珠区居民刷卡分类投放垃圾

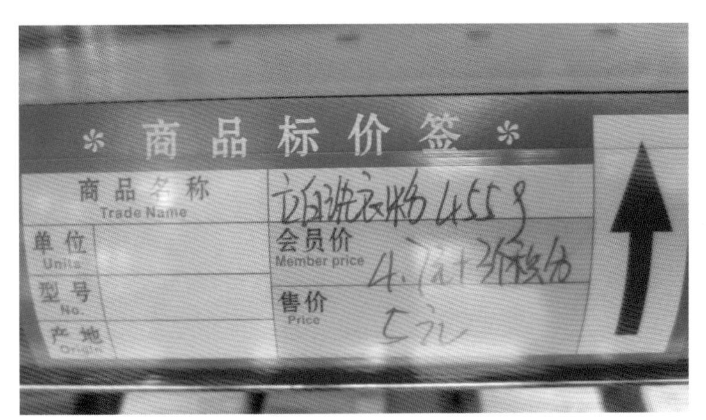

“绿岛”积分兑换中心换取商品

4. 萝岗区

自2013年始，萝岗区创新捆绑服务作业方式，以保洁公司为垃圾分类第三方服务的骨干企业，以环卫保洁为载体，完善分类投放点、便民回收亭、二次分拣平台、大件物品交换平台等网点，形成保洁加分类、保洁加分拣、保洁加宣传、保洁加巡查和保洁加服务“一加五”分类保洁作业方式。

与此同时，萝岗区还注意落实以下激励措施：一是积分兑奖。认真做好源头分类家庭记录统计工作，严格执行积分兑奖制度，按时发放奖品。二是巡查引导。针对部分家庭分类不彻底、投放不准确等问题，巡查员及时上门做好引导宣传等工作。

萝岗联和街黄陂社区二手大件家具交易

萝岗区勒竹旧村可回收物收集间

【单元活动】参观垃圾分类科普馆

1. 请师生共同制订一个参观科普宣教馆的活动方案；
2. 请同学们在参观完后交流一下自我感悟；
3. 请把在科普宣教馆学到的知识分享给你的家人和朋友。

第二节　生活垃圾收运与分选

1. 生活垃圾收运

生活垃圾收运是对各居民小区贮存的垃圾进行分类收集、运输并在终点卸料的全过程，主要包括垃圾收集、运输和转运三个环节。

广州市中心城区的生活垃圾收运方式主要是：中心城区的居民生活垃圾将定时定点收集，其中一部分生活垃圾送往垃圾压缩站采用一次压缩转运的方式运至垃圾处理场所，另一部分生活垃圾则通过生活垃圾压缩车在临时装运点装车后直接运输或机团单位自行组织运输至生活垃圾处理场所。

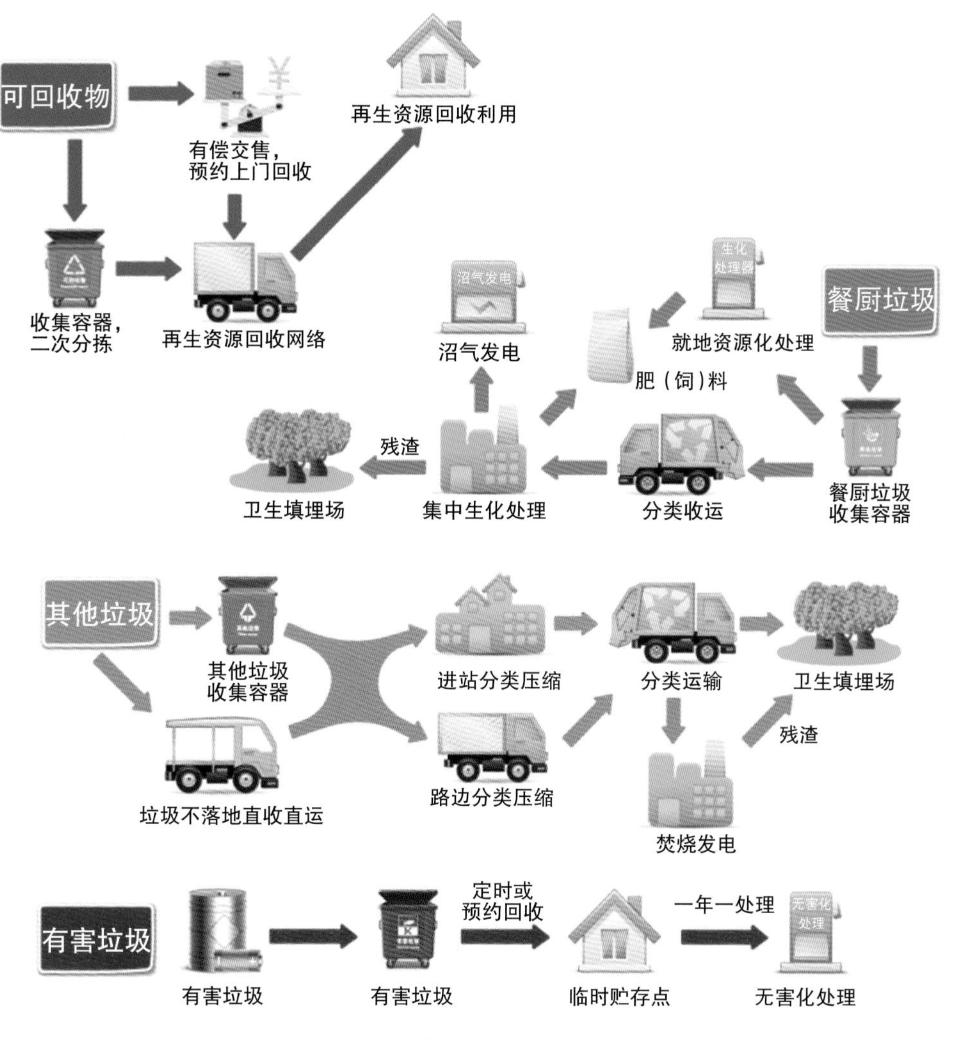

生活垃圾分类收运示意图

2. 生活垃圾分选

生活垃圾分选是根据垃圾的形状、大小、结构及性质的不同，分别采用不同的方法进行分选。例如，对于含金属废物、纸张、塑料等物质的各类生活垃圾，可根据垃圾的粒度、密度、重力、磁性、电性、弹性等物理、化学性质的不同，分别采用人工手选、筛分、风力分选、浮选、磁选、电选等不同的分选方法。

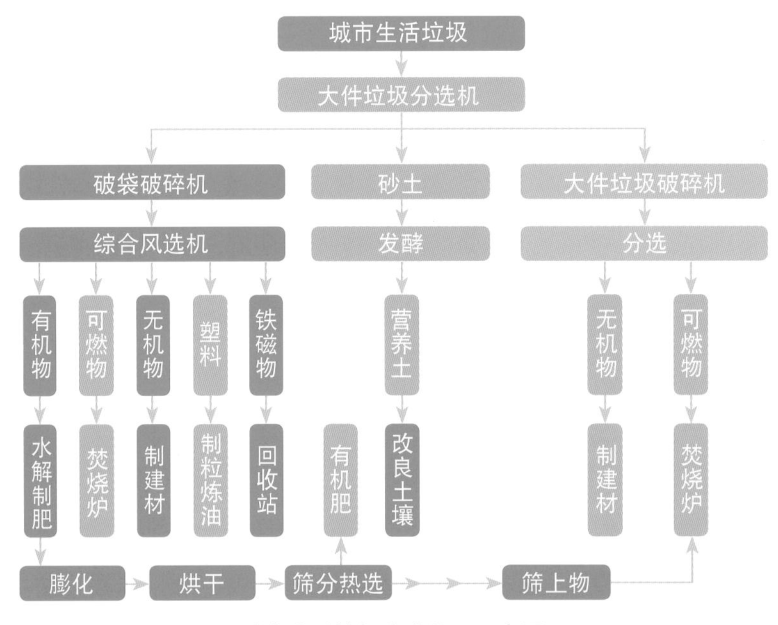

城市生活垃圾分选处理示意图

3. 垃圾的回收利用

城市生活垃圾中的废纸、废塑料、废金属、废玻璃是可回收利用的成分。它们经回收处理变成宝贵的资源，再应用于工业生产或其他领域。

案例　广州市再生宝玻璃回收处理有限公司

作为广东省内专业的废玻璃加工处理企业，广州市再生宝公司严格遵循“政府引导、市场推动、多元回收、集中处理和典型示范、以点带面”的基本原则，可处理高白料、普白料、茶料、绿料等多个品种，年设计回收处理量达10万吨。2013年5月1日，再生宝公司被选定为广州市废玻璃回收处理项目的第一个试点单位，努力寻求“集约化、规模化、效益化”发展模式，为广州市解决“垃圾分类、源头减量”探索可行的路径。

再生宝公司按照“前端社区定点回收—分拣中心集中储运—处理中心分选清洗—终端厂商回收利用”构建循环利用体系，有效促进废玻璃循环利用。充分利用供销社系统内外资源，按照“多元化回收、集中化处理、规模化利用”的原则，在居民社区、环卫压缩站、机团单位和商业场所开展废玻璃回收。

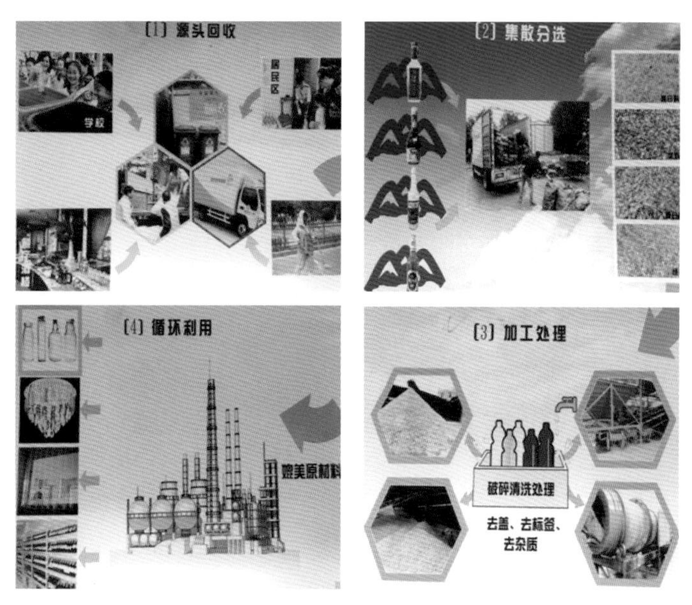

废玻璃回收流程示意图

目前，再生宝公司已与白云、越秀、荔湾等区的环卫压缩站、街道社区、机团单位实行废玻璃“点对点对接”。废玻璃回收处理工艺流程如下：

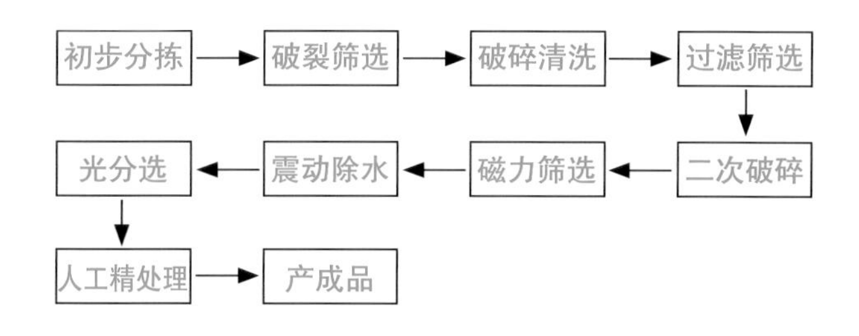

资源回收产品见下图：

第三节　垃圾的处理与处置

生活垃圾的处理处置方式通常有卫生填埋、焚烧发电和生物堆肥等方法，具体如下：

1. 垃圾卫生填埋

垃圾卫生填埋是指城市垃圾被运送到卫生填埋场进行填埋处置的传统处置方式。为防止对环境造成污染，垃圾填埋场应采取适当而必要的防护措施，以达到被处置废物与环境生态系统最大限度的隔绝，这个过程称为固体废物“最终处置”或“无害化处置”，又称为“卫生填埋”。

生活垃圾卫生填埋（图片来源：http://www.zjxj.gov.cn）

2. 垃圾焚烧发电

垃圾焚烧是目前各国对城市生活垃圾进行处置的一种主要方法。垃圾焚烧处置后可实现“减量化、资源化、无害化”，节省用地、消灭各种病原体，将有毒有害物质转化为无害物。垃圾焚烧发电厂主要工作系统由以下子系统组成：垃圾接收及给料系统、垃圾焚烧系统、热能利用系统、烟气处理系统、残渣处理系统。一般炉内温度控制在980℃左右，焚烧后体积比原来可缩小50%～80%，分类收集的可燃性垃圾经焚烧处理后甚至可缩小90%。焚烧处理与高温(1 650℃~1 800℃)热分解、熔融处理结合，进一步减小体积。

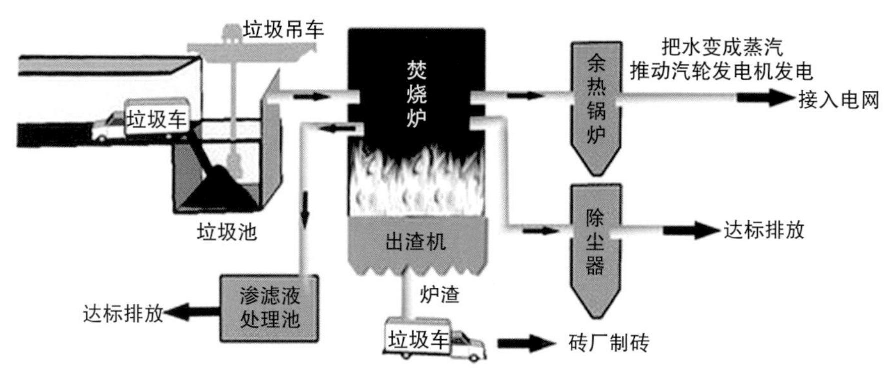

生活垃圾焚烧发电流程

3. 垃圾生物堆肥

垃圾生物堆肥是利用垃圾或土壤中存在的细菌、酵母菌、真菌和放线菌等微生物，使垃圾中的有机物发生生物化学反应而降解(消化)，形成一种类似腐殖质土壤的物质，用作肥料并用来改良土壤的一种处理方法。

垃圾生物堆肥(图片来源：http://image.haosou.com)

目前，广州市针对不同的生活垃圾，因地制宜地采取不同的处理方法。

广州市现有生活垃圾终端处理设施表

服务区域	处理设施名称	处理能力	运行时间
中心城区	兴丰生活垃圾卫生填埋场	8 000吨/日	2002年1月至今
	李坑生活垃圾焚烧发电厂一期（广州市第一资源热力电厂一分厂）	1 040吨/日	2005年11月至今
	李坑生活垃圾焚烧发电厂二期（广州市第一资源热力电厂二分厂）	2 250吨/日	2013年6月至今
	大田山餐厨垃圾处理场	200吨/日	2015年1月至今
花都区	狮岭生活垃圾填埋场	500吨/日	1995年至今
增城市	棠厦生活垃圾卫生填埋场	380吨/日	1997年9月至今
	陈家林垃圾填埋场	650吨/日	1995年5月至今
从化市	潭口生活垃圾卫生填埋场	350吨/日	2002年1月至今
番禺区	火烧岗生活垃圾卫生填埋场	1 750吨/日	1989年2月至今

广州市垃圾处理设施的建设规划与布局如下所示：

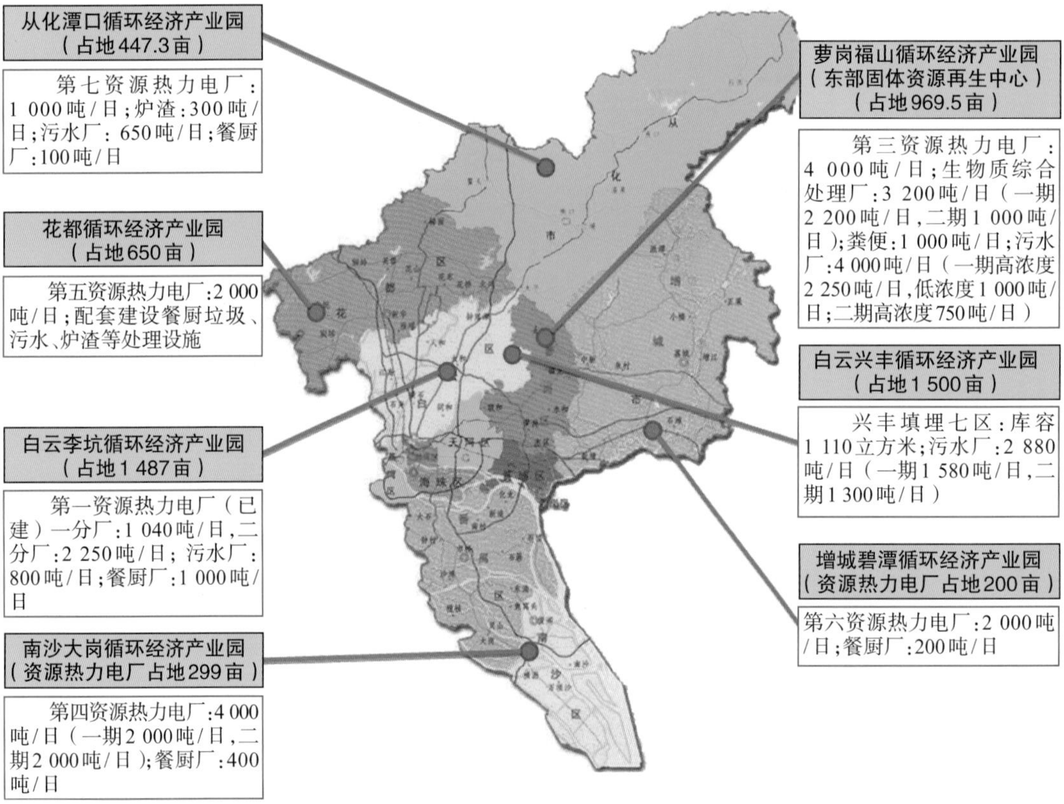

从化潭口循环经济产业园（占地447.3亩）

第七资源热力电厂：1 000吨/日；炉渣：300吨/日；污水厂：650吨/日；餐厨厂：100吨/日

花都循环经济产业园（占地650亩）

第五资源热力电厂：2 000吨/日；配套建设餐厨垃圾、污水、炉渣等处理设施

白云李坑循环经济产业园（占地1 487亩）

第一资源热力电厂（已建）一分厂：1 040吨/日，二分厂：2 250吨/日；污水厂：800吨/日；餐厨厂：1 000吨/日

南沙大岗循环经济产业园（资源热力电厂占地299亩）

第四资源热力电厂：4 000吨/日（一期2 000吨/日，二期2 000吨/日）；餐厨厂：400吨/日

萝岗福山循环经济产业园（东部固体资源再生中心）（占地969.5亩）

第三资源热力电厂：4 000吨/日；生物质综合处理厂：3 200吨/日（一期2 200吨/日，二期1 000吨/日）；粪便：1 000吨/日；污水厂：4 000吨/日（一期高浓度2 250吨/日，低浓度1 000吨/日；二期高浓度750吨/日）

白云兴丰循环经济产业园（占地1 500亩）

兴丰填埋七区：库容1 110立方米；污水厂：2 880吨/日（一期1 580吨/日，二期1 300吨/日）

增城碧潭循环经济产业园（资源热力电厂占地200亩）

第六资源热力电厂：2 000吨/日；餐厨厂：200吨/日

案例 1　兴丰生活垃圾卫生填埋场

兴丰生活垃圾卫生填埋场位于广州市白云区太和镇兴丰村，占地91.7公顷，填埋区总面积71.2公顷，先后分7期建设，是我国第一个根据标准规范设计、建设的特大型一级无害化垃圾填埋场，承担着广州市老六区的生活垃圾填埋任务，日处理生活垃圾8 000吨左右。现在填埋量已逼近容量极限，正加紧进行填埋7区的建设。

兴丰生活垃圾卫生填埋场

案例 2　李坑生活垃圾焚烧发电厂

李坑生活垃圾焚烧发电厂（广州市第一资源热力电厂）位于白云区太和镇永兴村，是广州市重点工程项目，由广州市政府投资引进国际先进环保技术建设。厂区面积101 778平方米，一期设计处理能力为1 040吨/日，二期设计处理能力为2 250吨/日。该厂的建成标志着广州市生活垃圾处理告别单一的填埋方式，迈上资源化利用新台阶。

李坑生活垃圾焚烧发电厂

案例 3　大田山餐厨垃圾处理场

大田山餐厨垃圾处理场位于黄埔区大田山，处理能力为200吨/日。采用餐厨废弃物制备生物腐殖酸的技术与工艺，实现垃圾资源化利用。在大田山餐厨垃圾处理过程中，场站无视觉污染、无嗅觉污染、无二次污染，环境维护成本低，资源转化率高，产品附加值高。

大田山餐厨垃圾处理场

【单元活动】参观垃圾填埋场/垃圾焚烧厂

1. 教师制订参观广州市周边垃圾填埋场和垃圾焚烧厂的活动方案；
2. 师生参观垃圾填埋场/垃圾焚烧厂，请现场专业人员讲解；
3. 师生交流参观垃圾填埋场/垃圾焚烧厂的体会，并与亲友分享。

第四章　国内外垃圾分类做法

引言　我国北京、上海等大城市与美国、德国等发达国家都有独具特色的生活垃圾管理制度，只有不断学习与借鉴其他国家与地区垃圾分类的先进做法，才能使我国早日实现垃圾的“减量化、资源化、无害化”。

第一节　国内垃圾分类案例经验

1. 北京市生活垃圾分类

北京市已在1 800个小区进行生活垃圾分类试点，组建了上万人的垃圾分类管理员队伍，积极探索垃圾计量收费试点，逐步建立“多排放、多付费”的垃圾处理费用分担机制。“十一五”期间，共建成17座处理设施，处理能力从2005年的10 350吨/日提高到目前的16 930吨/日，无害化处理率由2005年的81.2%提高到目前的96.7%，焚烧、生化、填埋处理比例调整优化为15∶15∶70，垃圾产生量连续三年保持下降。下一步，北京市拟建立特许经营回收分流、逆向物流分流、定向回收网络分流等多类垃圾的专业收运渠道，促进分类投放与分类处理利用的衔接。

北京市垃圾分类专用车

北京市垃圾分类的垃圾桶

2. 上海市生活垃圾分类

2010年9月，上海市正式提出开展生活垃圾分类减量工作，将生活垃圾分类减量作为市“十二五”期间的重点工作。“十二五”期间，以2010年为基数，每年人均生活垃圾处理量减少5%，坚持“大分流、小分类”的基本工作模式，逐步完善生活垃圾全程分类分流系统。市妇联、市绿化市容局联合申报了“百万家庭低碳行，垃圾分类要先行”的市政府项目，开创了党委领导、政府负责、社会协同、公众参与的适应新时代发展的社会管理模式。市绿化市容局、市发改委等15个部门发挥合力，先后制定、发布了处置设施建设补贴、环境补偿等政策，并将生活垃圾分类减量工作列入市节能减排资金支持范围。目前，上海市生活垃圾分类主要采取“2+3”的分类方式，即居民户内“厨余果皮”“其他垃圾”分类投放，居住小区“有害垃圾”“玻璃”“废旧衣物”专项收集。2011年完成了1 009个居住区试点工作，人均生活垃圾处理量降至0.76千克/(人·日)。

上海市垃圾分类（图片来源：http://image.haosou.com）

上海市公园里的垃圾桶

3. 深圳市生活垃圾分类

深圳市生活垃圾分三类投放：可回收物、有害垃圾和其他垃圾。鼓励有处理条件的住宅区试点将生活垃圾分四类投放：可回收物、餐厨垃圾、有害垃圾和其他垃圾。设立生活垃圾“资源回收日”，住宅区在“资源回收日”当天集中收集可回收物和有害垃圾。实行分类投放管理责任人制度。实施《深圳市生活垃圾分类和减量管理办法》，规定“单位和个人应当按照生活垃圾分类投放管理责任人公示的时间、地点、方式等要求，分类投放生活垃圾，不得随意丢弃、抛撒生活垃圾”。违反规定拒不改正的，对个人处50元罚款，情节严重的，处100元罚款；对单位处1 000元罚款。个人受到罚款处罚的，可以申请参加主管部门安排的社会服务以抵扣罚款。

深圳市垃圾分类活动（图片来源：http://image.haosou.com）

深圳市银湖街道垃圾分类的垃圾桶、旧衣回收箱

第二节　国外垃圾分类先进做法

国外发达国家的垃圾分类起步较早，实施精细、到位，从政府、企业、居民不同方面入手来改善垃圾分类处理状况，其经验对我们实施垃圾分类处理具有借鉴意义。以下对德国、美国、日本等发达国家的垃圾分类处理情况作简要介绍。

1. 德国的垃圾分类

德国人从小就要学习所在小区的垃圾分类方法，这些分类方法甚至成为小学的课程之一。在德国，如果你没按规定扔垃圾，不会被罚款，但是会被邻居毫不留情地呵斥，专门的“环保警察”也会找上你并给你开罚单。

在德国，各家各户都利用“三桶系统”和贮存容器，实现垃圾分类收集、分开处理。每个家庭都要为自己产生的垃圾“买单”，小区的垃圾桶也是居民自掏腰包购买的。因此，在德国的小区你很难发现住户的垃圾桶，“垃圾桶君”很珍贵，各家各户都会把它们好好地藏起来，只有在规定投放垃圾时间你才有机会接近它们。

德国大街上造型各异的垃圾桶

德国小区垃圾桶被锁在隐藏处

（图片来源：http://www.ycwb.com；http://www.quanjing.com；http://blog.sina.com.cn；http://news.21cn.com）

德国是欧洲唯一实行塑料瓶回收押金制度的国家，德国的瓶子很值钱，在购买部分饮料和食品时，你就已经预付了押金，需要将空瓶退回才能拿回押金。一般来说，每个1.5升以下容量的瓶装或者罐装饮料瓶可以换回0.25欧元押金，1.5升以上的则可以换回0.5欧元。因此，饮料瓶回收换回来的钱成为很多德国小孩的零花钱来源。

2. 美国的垃圾分类

美国的垃圾分类回收处理发展较早，其对垃圾分类宣传是非常细致的。在美国，丢垃圾不是一件简单的事，不认真学习就真的不会。美国的垃圾处理和回收指南会包含每一件你能想象得到的物品，大到垃圾如何按回收分类，小到垃圾袋的颜色规格、垃圾桶的摆放要求，甚至秋天落叶和冬天积雪的处理方式，各类垃圾被解释得巨细无遗。

美国各州对垃圾分类处理的措施不尽相同。在旧金山，为了在全市推广垃圾分类，政府采取了两种方式区别收取垃圾费：一是按每户居民垃圾丢弃量多少收取，二是按丢弃垃圾是否进行分类收取。这种把物质利益和垃圾丢弃行为直接挂钩的方法，促进了居民执行垃圾分类政策的自觉性和积极性。

在纽约，市政府明确可回收与不可回收垃圾分类，标明可回收垃圾日，安排市环卫专人收集垃圾，可按法律对不执行回收计划的居民进行罚款。

在波士顿地区，居民生活垃圾分类处理融入了科技的影子。他们会给厨房的洗碗池装一个垃圾处理管道，把每天的剩菜直接倒入水槽，在管道中电动绞碎后直接流入下水道，以达到轻松处理食物类生活垃圾的目的。在波士顿各大高校的学生中心、体育馆、洗衣房的地下室等地方，都能发现可回收瓶子换钱的垃圾回收箱——“绿豆回收箱”。在波士顿的街道，太阳能动力垃圾桶取代了原始垃圾桶，它可以通过太阳能发电的方式用力压缩桶内垃圾，增大承载量，被市民称作“大胃王”。

美国的垃圾分类（图片来源：http://henan.qq.com）

波士顿太阳能垃圾压缩桶

可回收瓶子换钱的“绿豆回收箱”

3. 日本的垃圾分类

在日本，垃圾大致可分为4种类型：可燃垃圾、不燃垃圾、资源垃圾及大型垃圾。每家每户都会把扔垃圾的时间当做工作要事认真地标在日历上，垃圾回收手册也放在家中最显要的位置，日本人用他们惯用的谨慎态度对待“扔垃圾”。扔垃圾时间是有明确规定的，市政府特别制作了垃圾童谣，回收不同的垃圾就会播放不同的音乐，回收资源垃圾的音乐是《红蜻蜓》，容器塑料包装的是《赛马》，纸类的则是《肥皂泡泡》，熟悉的童谣让市民有亲切感，不会对垃圾回收产生抗拒，同时也提醒市民垃圾分类的时间。

日本人推崇动漫文化，向往童话般美好的虚构世界。大阪的舞洲市垃圾处理厂，会让你对于日本人这种“童心”有更真切的认识，这是一座“童话城堡式”垃圾处理厂，除了外表设计得像城堡外，焚烧厂里面也是充满童趣。

“童话城堡式”的舞洲垃圾处理厂（图片来源：http://www.ycwb.com）

日本的便利店有自己特色的分类垃圾桶，餐饮场所也有投放固体和液体废弃物的分类垃圾桶

日本家庭需在规定时间和地点投放不同类别垃圾

4. 澳大利亚的垃圾分类

在澳大利亚，一般人家的院子里，都会有三个深绿色大塑料垃圾桶，盖子的颜色分别为红、黄、绿。绿盖子的桶用来放清理花园时剪下来的草、树叶、花等；黄盖子的桶用来放可回收资源，包括塑料瓶、玻璃瓶等。每年，市政部门都会向各家邮寄相关宣传资料供居民阅读学习，澳大利亚的儿童更是早早地学会给垃圾分类，通过儿童教育影响每个家庭，把垃圾分类变成居民的一种习惯。

澳大利亚把标准化垃圾分拣中心命名为教育中心，整个车间的外部墙面是一面透明的玻璃墙，可从外面清晰地看到整个工作现场。悉尼的很多孩子都曾到这里参观学习。悉尼老百姓处理垃圾有他们的独门“武器”——蚯蚓，他们将家里吃剩下的垃圾喂养很多蚯蚓，为的是让蚯蚓将桶里的垃圾分解掉，帮助处理掉有机垃圾，比如做菜剩下的菜叶、吃剩的水果、鸡蛋壳等，当然肉和有油的食品除外。蚯蚓不仅能消灭垃圾，蚯蚓粪还是很好的肥料，可以用来给屋后的花园施肥。因此，这种“蚯蚓农场”在喜欢园艺的市民中普及率很高。

澳大利亚垃圾分类

蚯蚓农场

5. 新加坡的垃圾分类

你能想象得到吗——用油纸打包外带海南鸡饭、把吸铁器伸进灰渣中“淘金”、把巴掌大的滚轮肢解售卖……这些复古又有些抠门的场景就发生在新加坡市民每天的生活中。对于垃圾分类，新加坡并没有明文规定或赏罚分明，一切全靠自愿。“如何减少垃圾总量”是新加坡人首要考虑的问题，他们相信“少即是多”。

在新加坡，政府从学前班开始就对学生进行环保教育，讲授如何进行垃圾分类、如何做好环保等，校园的垃圾已经实现100%的再循环利用。此外，孩子还乐于将在学校学到的分类知识带回自己家里，向家人讲解如何对垃圾进行分类，甚至把家中的报纸、塑料瓶等带回学校统一处理。在新加坡人看来，从小做好环保教育，中小学教育实行好了，大学时只要给学生一个垃圾桶，他们就知道怎么做了。

新加坡樟宜机场一目了然的可回收垃圾桶

【单元活动】垃圾分类齐献计

召开一次班团活动，师生讨论国内外垃圾分类的经验与教训，总结先进有效的做法，为广州市垃圾分类管理献计献策。

第五章　我们的行动

引言　生活垃圾分类，不仅仅是政府的事情，更需要我们公众参与。只有人人参与，从身边的小事做起，才能减少垃圾的产生，把我们的家园和环境建设得更美丽。

第一节　减少垃圾产生

让家、校携手联动，培养学生“保护环境，从我做起”的环保意识。通过以下多种方式，形成良好的生活习惯，减少生活垃圾的产生。

1. 选择简易包装商品

我们在生活中看到的各种商品包装越来越精美，价格也越来越昂贵，但其利用价值却没有因包装而有所提高，并且外包装都被随手丢弃，产生大量垃圾。因此，我们在选购节日礼品和日用品时，应尽可能选择简易包装商品，不但可以减少废弃包装垃圾，还可以节约费用，何乐而不为?

简易纸包装礼盒

简易包装打印纸

2. 不用或少用一次性商品、选购可再生利用的物品

我们在生活中应尽量减少使用一次性商品，如塑料袋、一次性餐具、一次性纸杯等；提倡使用可循环耐用品、可再生利用的物品，如环保袋、菜篮子、充电电池等，自带餐盒或者使用公共餐盘，自备水杯、再生纸等。

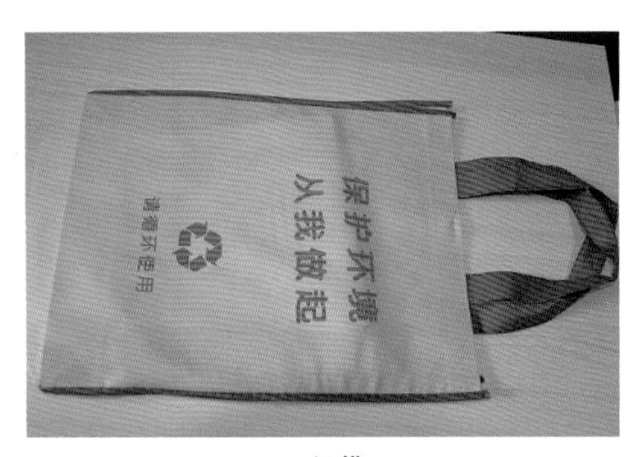

环保袋

菜篮子

自带餐盒

自备水杯

3. 实行光盘行动、不浪费粮食

我们平时在家就餐买菜应购买适量的蔬菜肉食，外出点餐时要适量点餐，合理搭配，减少浪费；提倡剩菜打包带走。我们平时应自觉避免浪费食物，并提醒身边的家人和同学共同参与光盘行动，不浪费粮食。

食物够吃就好

光盘行动

4. 理性消费，减少浪费

我们平时有空去逛街，遇到商家打折促销，有些东西根本都用不到，却仅仅是因为便宜而一时头脑发热，总会忍不住买一堆无用物品回来，造成闲置浪费，并产生更多的垃圾。因此我们要学会理性消费，在逛街之前应该列好购物清单，提醒自己不购买不需要的东西，减少垃圾的产生，也避免浪费。

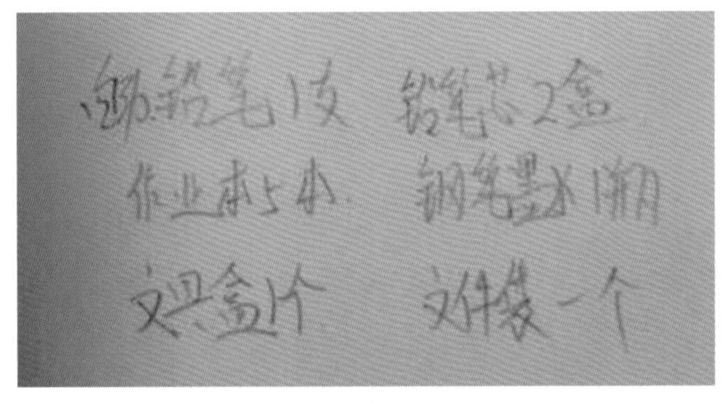

购物清单一

购物清单二

（图片来源：http://www.lomography.cn）

5. 绿色低碳旅行

提倡登山、郊游、外出等旅游时自带可重复使用的杯子、剃须刀、洗漱用品等，可用小瓶分装洗发水、沐浴露、护肤品等，不使用一次性用品，既卫生又环保；旅行中产生的垃圾分类收集、投放，不随手丢弃，做一个文明环保的绿色旅行者。

低碳旅行，不留垃圾在身后（图片来源：http://tour.jxnews.com.cn）

第二节　落实垃圾分类

要落实垃圾分类，我们应先明确广州市对“垃圾分类”的具体要求，学校、家庭、社区应共同营造垃圾分类良好氛围，让“垃圾分类”能从“我”做起，并带动身边的亲友做好垃圾分类，把“垃圾分类”真正落到实处。

1. 明确广州市垃圾分类的要求

广州市生活垃圾分类按照“**可回收物、餐厨垃圾、有害垃圾和其他垃圾**”四类划分，收集容器颜色分别为“蓝、绿、红、灰”，并明确相应的标识。广州市市长还提出了家庭垃圾分类指引口号——“**能卖拿去卖，有害单独放，干湿要分开**”。

《广州市生活垃圾分类管理规定》已于2015年9月1日起实施，强调“源头减量、分类投放、分类收集、分类运输、分类处置”，规定单位和个人应该“定时定点”投放生活垃圾，否则将按有关法律法规进行处罚。

违反规定罚多少钱？

单位和个人

违规行为	罚金（元）	
	个人	单位
不按时间、地点、方式投放且拒不改正	50~200	500~2 000
不分类投放生活垃圾且拒不改正	50~200	500~2 000
不按规定投放有害生活垃圾且拒不改正	50~200	1 000~3 000
不按规定投放建筑废弃物	200~500	3 000~5 000
将工业固体废物、建筑废弃物混入生活垃圾	200~500	5 000~30 000

生活垃圾分类管理责任人

违规行为	罚金（元）
未建立日常管理制度	50~1 000
不按规定设置垃圾收集容器	1万~3万
没有保持容器完好和正常使用	1 000~3 000
不按规定使用不同颜色的垃圾袋	2 000~5 000
混合收集分类投放的生活垃圾	500~2 000
交由未经许可的单位收集运输	2 000~5 000
在公共区域堆放、贮存、分拣垃圾	500~2 000

生活垃圾运输单位

违规行为	罚金（元）
将分类收集的生活垃圾混合运输	5 000~3万
运输车辆未标示相应标识	5 000~1万
不按要求检查运输车辆	3万~10万
沿途丢弃、遗撒垃圾或滴漏污水	5 000~5万
垃圾未密闭存放，或存放超过24小时	5 000~3万
未建立管理台账，未定期报告	1万~3万
未取得许可证	5 000~2万

2. 社会共建垃圾分类良好氛围

学校、社区可通过广播、宣传栏等多种途径，宣传广州市垃圾分类政策要求；同时，学校、社区应提供垃圾分类收集、定点投放的装置和场地，家庭积极响应参与垃圾分类活动。由此，社会共同营造垃圾分类良好氛围，同学们可在此氛围中培养出“垃圾分类”的良好环保素质。

社区垃圾分类宣传栏
（图片来源：http://image.haosou.com）

社区组织垃圾分类宣传活动
（图片来源：http://www.guangzhou.gov.cn）

3. 自觉践行并带动亲友做好“垃圾分类总动员”

同学们应当在校园以及家庭、社区自觉践行垃圾分类活动，并带动身边的朋友、家人，做好“垃圾分类总动员”。

垃圾分类投放（图片来源：http://www.haosou.com）

第三节　变废为宝

"垃圾是放错位置的资源"，我们生活中很多废弃的物品都是可以回收利用的宝贝。我们可以在班级或家里设立垃圾回收箱，将塑料瓶，饮料罐，废旧课本、报刊等收集好卖给回收站，或不妨尝试把一些原来无用的东西做成有用的家居小摆设和手工艺品。同学们，请从现在开始行动起来，将垃圾分类回收、变废为宝！

1. 纸类废物的回收利用

我们在学习生活中会产生许多旧书本、旧报纸、废弃包装盒等纸类废物。这些纸类废物的回收利用不但可以减少对一次性资源如木材、竹材、芦苇、麦草等的消耗，而且利用废纸重新造纸的过程，所消耗的能量及产生的污染都要少很多。

在国外，课本循环利用已经成为一种制度，一本课本的使用寿命可以达到5年，而中国的学生课本寿命只有半年。因此，我们高年级的同学可在期末把自己用过的书本送给低年级同学继续使用，或统一卖给回收站，以实现纸类回收。

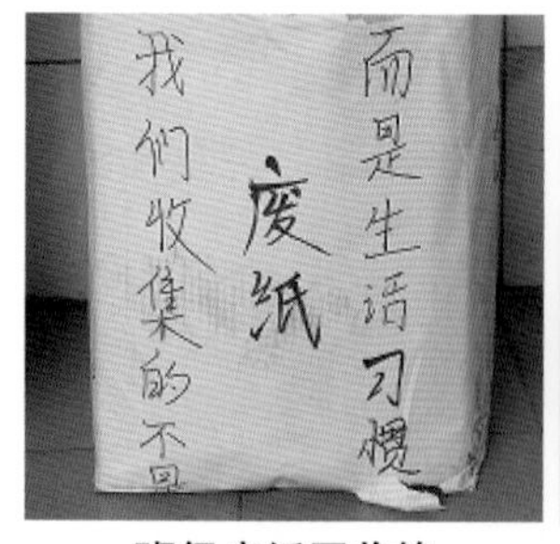

班级废纸回收箱

废旧书籍报纸

纸盒改造成的小汽车

【做一做】

你会自制再生纸吗？可以用再生纸做明信片和书签哦。这会是个很特别的礼物！下面我们来介绍一下再生纸的制作方法。

(1)材料与工具。

报纸、搅拌机、棍子、碗、两块干布、铁丝网架子(用铁丝网剪成自己需要的尺寸，用四条木棍围着)。

(2)步骤。

①把报纸撕得很碎很碎，易于融化。

②把碎报纸放入碗里，慢慢加入水。

③用搅拌机搅拌，使之变成浆。

④把纸浆倒在铁丝网上，再把纸平均铺好，再轻轻地压一压，让水流入下面的碗里(注意：双手要稳定)。

⑤在桌子上铺一块干布，将铁丝网倒放在布上，而后将铁丝网拿开，将纸张轻轻地铺在布上，将另一块干布铺在纸上，用棍子压一压，将水挤走(如果想装饰一下，可在纸干之前放一些干花；如果想纸快干，可以将布铺在纸上，用熨斗烫一下)。

⑥等待几天，新的纸张就完成啦!

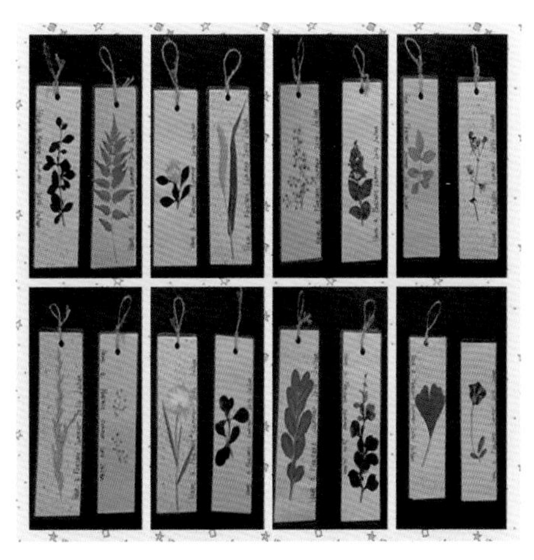

书签（图片来源：http://blog.sina.com.cn）

2. 金属类废物的回收利用

我们在日常生活中会产生废饼干盒、糖果盒、易拉罐等各种金属类废物,金属类废物中的铁、铝、铜等可经重新加工作为二次资源回收利用，成为重要的工业原料。同学们可以把这些金属类废物收集起来，统一卖给回收站，或者用来做一些手工艺品。

废易拉罐（图片来源：http://www.cnjxol.com）

金属手工椅子（图片来源：http://www.baby611.com）

3. 玻璃/陶瓷类废物的回收利用

我们在日常生活中会产生酱油瓶、酸奶瓶、饮料瓶等各种玻璃/陶瓷类废物，我们可以利用其做成工艺品或者卖到回收站。这些玻璃/陶瓷类废物可再生利用，用于制造高档的结晶型玻璃或微晶玻璃墙地砖、玻璃马赛克、再生玻璃/陶瓷用品等。

废旧玻璃瓶改造成特别的花瓶

环保小贴士

你有用过再生材料的餐具吗

日本OGISO制造商专门生产不易破损的陶瓷餐具，该公司会回收破损餐具，粉碎处理后加工成新餐具。他们希望通过这种饮食教育，让人们重视废品的回收再利用，以保护环境。

这款餐具从素材到颜料，均耐热、抗酸碱，安全无毒，微波炉、烤炉皆可使用。

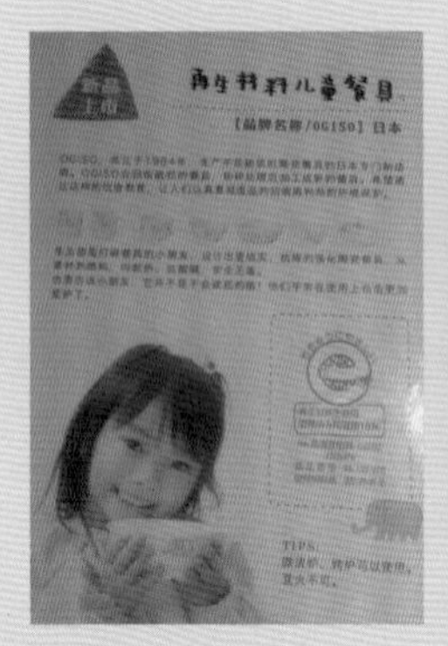

OGISO制造商的再生餐具

4. 塑料类废物的回收利用

我们在日常生活中会产生矿泉水瓶、饮料瓶等各种塑料类废物，我们可以将塑料瓶废物用来做花瓶、装饰品和手工艺品，把废塑料泡沫做成相框，变废为宝。

废旧塑料

塑料瓶的改造利用

【做一做】

请你参照以下图示步骤，试一试让沐浴瓶大变身，制成手机充电座。

（1）工具、材料：沐浴瓶、剪刀、笔。

（2）步骤：①用笔描沐浴瓶轮廓；②剪切瓶子；③制成手机充电座。

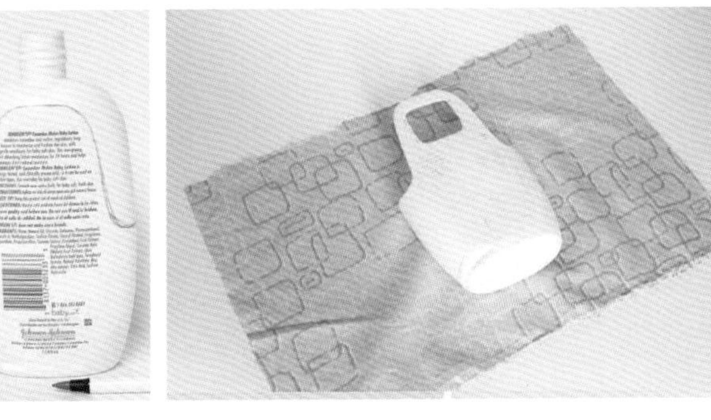

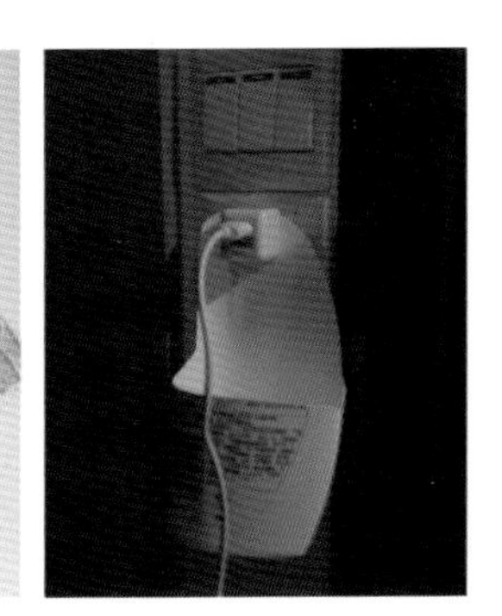

（图片来源：http://www.zhidiy.com）

5. 废布料的回收利用

我们在日常生活中会产生各种各样的废布料，如旧衣服、细碎布头等。这些废布料是怎样处理的？其实，只要稍动动脑筋，就可以将这些废旧布料变成独具特色的创作品，如贴画、座垫、窗帘等。这样，不仅可减少垃圾数量、变废为宝，更可通过制作独一无二的创作品展现自己的艺术才华。

碎布座垫（图片来源：http://shop421.wowsai.com）

【做一做】

旧衣服改造T恤diy创意手提袋。

（1）工具、材料：旧T恤、剪刀、尺子。

（2）步骤：

①把领口和袖子裁剪掉（裁剪之前用尺子测量一下，确保对称）。

②把衣服下摆裁剪成碎条。

③将小布条两两整理在一起。

④最后两两打结系紧就可以了。

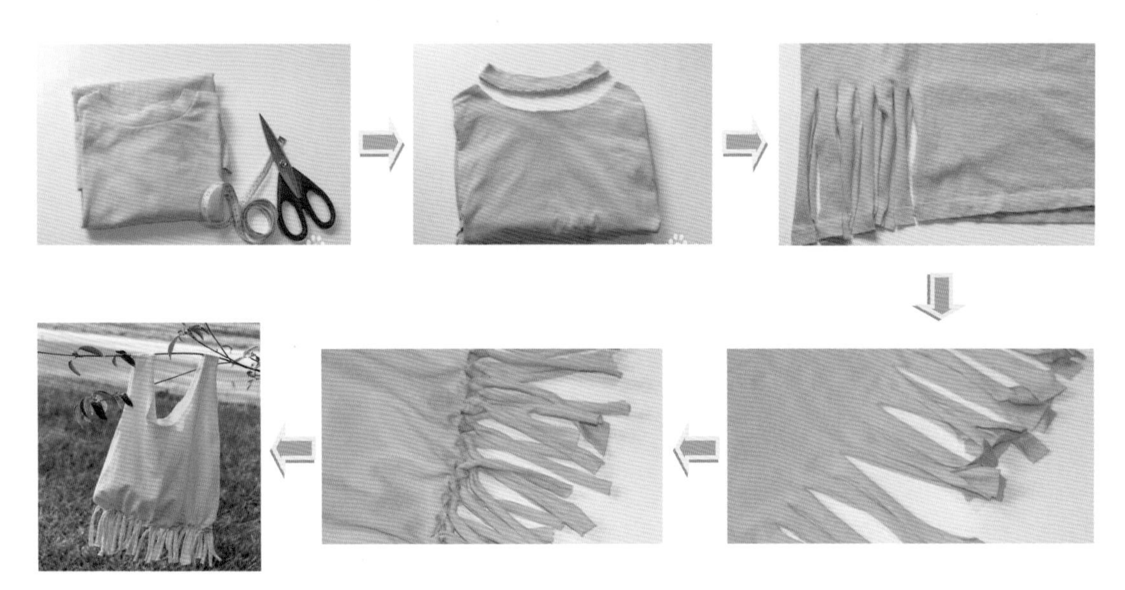

（图片来源：http://jingyan.baidu.com）

6. 有害废物的回收利用

我们可在家用小盒子收集日常产生的有害废物，如废充电电池、废荧光灯管、过期化妆品等，并交由专业回收站点进行安全处理及回收利用。

环保小贴士

废电池及废节能灯内含剧毒

废电池内含大量的重金属以及废酸、废碱等电解质溶液。如果随意丢弃，腐败的电池会破坏水源，侵蚀我们赖以生存的庄稼和土地，我们的生存环境将面临巨大的威胁。

对环境有很大污染能力的节能灯，其内含的汞元素会被其他动植物吸收，并在体内积聚，最终通过食物链进入人体。“人体内血汞的含量不可超过1.15毫克，而人体一次吸入2.5克汞蒸气即可致死。”

7. 餐厨垃圾的回收利用

我们在学校食堂、家庭烹饪进餐过程中剩余的果皮、菜叶、剩饭等餐厨垃圾，若丢弃会造成大量垃圾。我们可以利用其自制农家肥，或制作具有环保净化作用的环保酵素，即可减少餐厨垃圾。

环保小贴士

你知道该如何处理餐厨垃圾吗

餐厨垃圾需沥干水分，用专用袋收存。避免将高浓度的油脂导入排水管道，造成排水管道堵塞。勿将牙签、瓶盖、纸巾等杂物混进餐厨垃圾。餐厨垃圾必须日产日清，清理后应立即更换干净的空桶。餐厨垃圾桶应加盖，避免异味溢出及老鼠争食。餐厨垃圾易腐败产生臭气，放置点应通风，避免直接日晒或餐厨垃圾桶内高温或发酵产生臭味外溢。放置点应经常冲洗，保持地面清洁干爽。

【做一做】**环保酵素制作**

环保酵素是混合了糖和水的厨余（鲜垃圾）经厌氧发酵后产生的棕色液体，具有净化地下水、净化空气等环保效果。

（1）准备材料：可密封有开口的塑料瓶、水、果皮菜渣、红糖或黑糖。（注：塑料瓶大小不限，但不要选用玻璃或金属容器，以免在发酵过程中发生爆炸。）

（2）材料配比：水∶果皮菜渣∶红糖或黑糖=10∶3∶1。

（3）制作步骤：

①将水、果皮菜渣、红糖按10∶3∶1配比分好。

②依次将材料（水、果皮菜渣、红糖）装入准备好的塑料瓶中。

③搅拌一下，盖上盖子，并在瓶子上标记制作日期和材料。

④发酵3个月，制成酵素。

（图片来源：http://bbs.szhome.com）

（4）发酵期间注意事项：

①在发酵的第一个月，需要每天打开盖子，释放发酵产生的气体。若一个礼拜后无气体产生则可直接进入第二阶段。

②密封两个月。在此期间，若酵素呈现黑色，说明发酵失败，但只要加入和开始一样分量的红糖，重新发酵3个月就可以挽救。

③发酵期间，酵素要放置在通风、干净、没有阳光的地方，不要放在冰箱里，低温将降低发酵活性，日晒则会消灭发酵过程中的益生菌。

（5）其他说明：

如果期望酵素有清新香味，可以选择橘子皮、菠萝皮等水果香味的材料为原料；酵素不会过期，发酵越久越好，6个月或以上更佳。

同学们，生活垃圾分类，不仅仅是政府的事情，更需要我们公众参与。只有人人参与，从身边的小事做起，才能保障“垃圾突围”，将我们的家园和环境建设得更美丽。让我们马上行动起来吧！

单元活动

1. 光盘行动，从我做起；

2. 分享你平时生活中垃圾回收利用的好方法；

3. 开办跳蚤市场，交换捐赠多余物品，物尽其用；

4. 开展“变废为宝”比赛，通过“QQ空间”“微博”“微信朋友圈”发布自己“变废为宝”的小物品，向家人和朋友宣传垃圾分类、变废为宝的理念与做法。

参考文献

1. 胖兔子粥粥.“垃圾”书. 长春：时代文艺出版社，2012.

2. [英]亚历克斯·弗里思（文），[英]彼得·艾伦（图）. 看里面系列第三辑：揭秘垃圾. 荣信文化编译. 西安：未来出版社，2012.

3. 胡贵平. 美丽中国之垃圾分类资源化. 广州：广东科技出版社，2013.

4. 姚凤根等. 生活垃圾分类指导手册. 苏州：苏州大学出版社，2012.

5. [加]QA-International. 看得见的科学：图说气候与环境. 田祎等译. 北京：人民邮电出版社，2013.

6. 可牛，孙美燕. 分类回收垃圾“摇身”变宝贝. 北京：中国水利水电出版社，2014.

7. [日]寄本胜美，山本耕平. 垃圾分类从你我开始. 刘建男等译. 长春：吉林文史出版社，2011.

8. [日]山崎庆太. 垃圾堆里来寻宝. 陈及幸等译. 长春：吉林文史出版社，2011.

后 记

本套丛书由广州市城市管理委员会、广州市环境保护科学研究院共同编写，得到了广州市城市管理委员会徐建韵、尹自永、魏树新、彭自良、任亚兰，广州市环境保护科学研究院谢敏、卢彦、廖庆玉、吴友明、章金鸿、吴晶的大力支持，相关专业的老师陈先铸、陈秀珠、杨汉新、林帼秀、戴佩虹、朱江洁、白丹丹、陈雪芬、姜雅雯、凌伟峰、廖原、蔡冬燕、王雅东、伍西、宋鹏、刘若瀚、苏钰等在书稿的编写、照片的拍摄、图的创作等方面也做了大量的工作，在此一并表示感谢。因时间有限，部分图片来自网络，无法联系到原创作者，请原创作者见到后与我们联系。本书在内容方面难免存在不足，敬请专家和读者指正！

为帮助同学们进一步理解垃圾分类相关知识，垃圾分类小游戏也已上线，欢迎同学们积极下载：

游戏1　你、我、他为垃圾找个家

玩法：在该区分别设置真实的4个不同标志的垃圾桶（可回收物、餐厨垃圾、有害垃圾、其他垃圾），并在垃圾桶背面墙上设置手动感应屏幕，画面中有4张门，会分别走出不同的垃圾，玩家只需用手点住垃圾然后将其拖至垃圾桶就可得分或得到奖品，错误分类或者分类不及时超过3次则游戏结束。

下载方式：iPhone用户和iPad用户可自行到App Store中下载《垃圾分类大挑战》游戏，或登录广州志愿者网（www.125cn.net）在线玩。

游戏2　环保消消乐

《环保消消乐》精心设计了200个关卡，以各种垃圾和卡通形象作为游戏图标，玩家只需要滑动手指让3个及以上同样图标横竖相连即可消除，完成每关的指定消除目标并答对垃圾分类问答题即可过关！

下载方式：用户可自行在安卓或iTune Store（苹果商城）应用电子市场搜索“环保消消乐”，点击下载；或关注微信公众号“广州垃圾分类”“广州城管信”，回复数字8即可跳转下载链接页面。

还有一个最简单的下载方式，就是扫描下面的二维码！

安卓版

苹果版

作　者

2015年11月